BEI GRIN MACHT SICH IHR WISSEN BEZAHLT

- Wir veröffentlichen Ihre Hausarbeit, Bachelor- und Masterarbeit

- Ihr eigenes eBook und Buch - weltweit in allen wichtigen Shops

- Verdienen Sie an jedem Verkauf

Jetzt bei www.GRIN.com hochladen und kostenlos publizieren

Stefan Altmann

Bodensanierungen: Rechte und Pflichten der Grundstückseigentümer

GRIN Verlag

Bibliografische Information der Deutschen Nationalbibliothek:

Die Deutsche Bibliothek verzeichnet diese Publikation in der Deutschen Nationalbibliografie; detaillierte bibliografische Daten sind im Internet über http://dnb.d-nb.de/ abrufbar.

Dieses Werk sowie alle darin enthaltenen einzelnen Beiträge und Abbildungen sind urheberrechtlich geschützt. Jede Verwertung, die nicht ausdrücklich vom Urheberrechtsschutz zugelassen ist, bedarf der vorherigen Zustimmung des Verlages. Das gilt insbesondere für Vervielfältigungen, Bearbeitungen, Übersetzungen, Mikroverfilmungen, Auswertungen durch Datenbanken und für die Einspeicherung und Verarbeitung in elektronische Systeme. Alle Rechte, auch die des auszugsweisen Nachdrucks, der fotomechanischen Wiedergabe (einschließlich Mikrokopie) sowie der Auswertung durch Datenbanken oder ähnliche Einrichtungen, vorbehalten.

Impressum:

Copyright © 2011 GRIN Verlag GmbH
Druck und Bindung: Books on Demand GmbH, Norderstedt Germany
ISBN: 978-3-656-12822-9

Dieses Buch bei GRIN:

http://www.grin.com/de/e-book/188980/bodensanierungen-rechte-und-pflichten-der-grundstueckseigentuemer

GRIN - Your knowledge has value

Der GRIN Verlag publiziert seit 1998 wissenschaftliche Arbeiten von Studenten, Hochschullehrern und anderen Akademikern als eBook und gedrucktes Buch. Die Verlagswebsite www.grin.com ist die ideale Plattform zur Veröffentlichung von Hausarbeiten, Abschlussarbeiten, wissenschaftlichen Aufsätzen, Dissertationen und Fachbüchern.

Besuchen Sie uns im Internet:

http://www.grin.com/

http://www.facebook.com/grincom

http://www.twitter.com/grin_com

Stefan Altmann

Bodensanierungen
Haftung der Grundstückseigentümer

Inhaltsverzeichnis

Inhaltsverzeichnis II

Abkürzungsverzeichnis III

Abbildungsverzeichnis III

1 Einleitung 4

2 Juristische Hintergründe 5
2.1   Entscheidungen des Bundesverfassungsgerichts 5
2.2   Hinweise zu Art. 14 GG 6
2.3   Hinweise zu Art. 103 GG 8
2.4   Hinweise zum Grundsatz der Verhältnismäßigkeit 8

3 Die Beschlüsse des ersten Senats des Bundesverfassungsgerichts vom 16.02.2000 9
3.1   Gegenstand des Verfahrens 1 BvR 242/91 9
3.2   Gegenstand des Verfahrens 1 BvR 315/99 11
3.3   Beschlüsse des Bundesverfassungsgerichts zu den Verfahren   14
3.3.1   Entscheidungen des Bundesverfassungsgerichts 14
3.3.2   Begründungen der Entscheidungen 14

4 Auswirkungen auf andere Fälle 17

5 Zusammenfassung der Erkenntnisse 20

Literaturverzeichnis 21

Abkürzungsverzeichnis

BGB   Bürgerliches Gesetzbuch
BVerfG   Bundesverfassungsgericht
GG   Grundgesetz

Abbildungsverzeichnis

Abbildung 1: Zusammenhänge des Verfahrens 1 BvR 242/91 11
Abbildung 2: Zusammenhänge des Verfahrens 1 BvR 315/99 13
Abbildung 3: Mögliche Rechtsverhältnisse bei Bodensanierungen 19

1 Einleitung

Böden sind Teil der obersten Erdkruste. Sie sind nach unten durch festes oder lockeres Gestein, nach oben hingegen durch eine Pflanzendecke oder durch Luftraum begrenzt. An den Seiten gehen Böden in benachbarte Böden über. Böden bestehen aus organischen Stoffen und Mineralien. Die Bestandteile von Böden sind so angeordnet, dass sie ein Bodengefüge bilden.[1]

Die Funktionen von Böden sind vielfältig. Sie dienen z. B. der Erhaltung des Lebens. Außerdem können sie auch als Rohstofflieferant und als Standorte für Siedlungen und Verkehr dienen. Böden können auch Teil der Landschaft sein, z. B. im Wattenmeer.[2] Verunreinigungen können diese Funktionen stören. Daher sind umfangreiche Maßnahmen des Bodenschutzes notwendig und kontaminierte Böden von den Verunreinigungen zu befreien.

Im Zuge der deutschen Wiedervereinigung wurde insbesondere durch die Wiedereinigung im Jahr 1990 durch die Beschäftigung mit vorhandenen Altlasten auf dem Gebiet der ehemaligen DDR[3] der Bodenschutz in den Blick der Öffentlichkeit gerückt.[4]

Als zentrale Frage bei erforderlichen Bodensanierungen ist die der Kostenübernahme anzusehen. In der Literatur der Jahre um 1990 sind v. a. Hinweise auf Ansprüche wegen Minderung des Eigentumswertes durch verunreinigte Böden zu finden[5]. Die Übernahme der Kosten einer

---

[1] Vgl. Blume, H.-P. (1990), S. 5.
[2] Zusammenfassende Darstellungen bei: Blume, H.-P. (1990), S. 29-112.
[3] Es gab zu diesem Zeitpunkt aber auch Bodenkontaminationen etc. auf dem Gebiet der alten Bundesländer.
[4] Vgl. Wieczorek, Bertram (1991), S. 19f.
[5] Vgl. z. B. Kunth, Bernd (1992), S. 336-343.

Bodensanierung sollte aber als nicht minder wichtig angesehen werden. Dies ist insbesondere dann von Interesse, wenn die Verunreinigung des Bodens nicht dem Eigentümer des entsprechenden Grundstücks anzulasten ist, dieser aber die Sanierung durchzuführen hat.

Diese Arbeit behandelt zwei Beschlüsse zum Thema der Übernahme von Kosten der Beseitigung von Bodenverunreinigungen, die von früheren Eigentümern von Grundstücken zu verantworten sind. Es werden die vorliegenden Fälle, die Urteile des Bundesverfassungsgerichts und die sich daraus ergebenden Rechtsfolgen dargestellt.

2 Juristische Hintergründe

2.1 Entscheidungen des Bundesverfassungsgerichts

Das Bundesverfassungsgericht (BVerfG) ist der oberste Hüter des deutschen Grundgesetzes und allen anderen Verfassungsorganen (Bundestag, Bundesregierung, Bundesrat, Bundespräsident) in der Rangordnung gleichgestellt. Es trifft seine Entscheidungen unabhängig.[6]

Die Zuständigkeiten des BVerfG sind in Art. 93 GG geregelt, für diese Arbeit ist insbesondere der Art. 93 Abs. I Satz 4a GG von Interesse, nach dessen Wortlaut jedermann eine Verfassungsbeschwerde einreichen kann, weil er in einem seiner Grundrechte verletzt worden sei. Das BVerfG fällt demnach keine Urteile in Rechtsstreitigkeiten o. ä., sondern prüft, ob bereits z. B. im Rahmen des deutschen Verwaltungsrechts von den jeweils zuständigen Gerichten getroffene Entscheidungen mit den Vorgaben des Grundgesetzes vereinbar sind.

Als Rechtsquellen stehen in Deutschland das gesetzte Recht (Grundgesetz, andere Gesetze, Rechtsverordnungen, autonome Satzungen) und das ungeschriebene Gewohnheitsrecht zur Verfügung. Außerdem haben auch die Entscheidungen des BVerfG Gesetzeskraft.[7]

Der Sitz des BVerfG ist seit 1951 Karlsruhe. Es besteht aus zwei Senaten mit jeweils acht Mitgliedern. Die Richter werden für einen Zeitraum von

---

[6] Vgl. Schubert, Klaus (1997), S. 56f.
[7] Vgl. Führich, Ernst (2006), S. 2.

zwölf Jahren von Bundestag und Bundesrat gewählt; eine Wiederwahl der Richter ist ausgeschlossen.[8]

Die in dieser Arbeit behandelten Beschlüsse des BVerfG sind nicht nur für die die Beschwerde einreichenden Parteien von Interesse. Durch die gesetzgebende Kraft der Beschlüsse des BVerfG haben sie auch Auswirkungen auf andere Eigentümer von Grundstücken, die von vorherigen Eigentümern zu verantwortende Bodenverunreinigungen zu beseitigen haben. Ebenso sind auch letztere selbst betroffen. Die Auswirkungen der Beschlüsse sind in Kapitel 4 dargestellt.

2.2 Hinweise zu Art. 14 GG

Das Grundgesetz (GG) ist sowohl im öffentlichen als auch im privaten Recht die ranghöchste Rechtsquelle. Bestimmungen, die gegen das GG verstoßen, sind ungültig.[9]

Der Art. 14 GG regelt den Schutz des Eigentums und ist sog. Normgeprägtes Grundrecht, d. h. die darin zu findenden Vorschriften einer Ausgestaltung bedürftig. Aus diesem Grund konnten bei den in dieser Arbeit beschriebenen Fällen bei den jeweiligen juristischen Institutionen weit differierende Rechtsauffassungen deren Entscheidungen beeinflussen, so dass diese sehr unterschiedlich ausfielen.[10]

Durch Art. 14 GG wird der Gesetzgeber an die Wesensmerkmale des Eigentums gebunden (u. a. Privatnützigkeit und Verfügungsbefugnis). Ziel ist die Sicherung des Freiheitsraumes im vermögensrechtlichen Bereich, aber auch eine Sozialbindung gegenüber der staatlichen Gemeinschaft; von Interesse für diese Arbeit ist insbesondere, dass kein Recht darauf besteht, die Umwelt nach Gutdünken zu verschmutzen.[11] Es besteht zudem auch kein Schutz des Eigentums vor öffentlich-rechtlichen Geldforderungen.[12]

Aus Art. 14 Abs. I Satz 2 GG lässt sich die sog. Verhältnismäßigkeit ableiten, durch die zwischen Privatinteresse und Sozialbindung abgewogen werden soll. Grundsätzlich besteht kein Ausgleichs- und Entschädigungsanspruch, wenn dem Eigentümer Kosten durch das Eigentum entstehen, z. B. um die staatliche Gemeinschaft vor Schäden zu

---

[8] Duden (1998), S. 130.
[9] Vgl. Führich, Ernst (2006), S. 14.
[10] Vgl. Gröpl, Christoph (o. J.), S. 1.
[11] Vgl. Ebenda.
[12] Vgl. Gröpl, Christoph (o. J.), S. 2

bewahren. Falls die Bestimmungen hierzu aber unverhältnismäßig sind, sind diese verfassungswidrig und dadurch unwirksam.[13] In den in dieser Arbeit beschriebenen Fällen versuchen die Beschwerdeführerinnen die für sie ungünstigen Bestimmungen aufgrund nicht gewahrter Verhältnismäßigkeit vom BVerfG als unwirksam erklären zu lassen.

---

[13] Vgl. Gröpl, Christoph (o. J.), S. 3.

2.3 Hinweise zu Art. 103 GG

In Art. 103 GG sind Grundrechte des deutschen Justizwesens geregelt:

- Jeder hat vor Gericht Anspruch auf rechtliches Gehör.
- Eine Straftat kann nur mit dem zum Zeitpunkt der Straftat geltenden Recht bestraft werden.
- Aufgrund der allgemeinen Strafgesetze darf keiner für dieselbe Tat mehrfach bestraft werden.

In einem der in dieser Arbeit behandelten Fälle wird u. a. auf Art. 103 GG Bezug genommen. Aufgrund dessen, dass diese Arbeit jedoch im Wesentlichen Themen des Bodenschutzes gewidmet ist und nicht juristische Verfahren als solche behandelt, wird auf eine weitere Ausführungen zu diesem Artikel verzichtet.

2.4 Hinweise zum Grundsatz der Verhältnismäßigkeit

Der Grundsatz der Verhältnismäßigkeit ist in Deutschland von Bedeutung, da er vor übermäßigen Eingriffen des Staates in die Grundrechte schützt. Er ist verfassungsrechtliches Gebot gem. Art. 1 Abs. III und Art. 20 Abs. III GG und somit für die gesamte Staatsgewalt unmittelbar verbindlich.

Eine angeordnete Maßnahme ist dann verhältnismäßig, wenn sie folgenden Anforderungen genügt:

- *Legitimer Zweck*: ist eine angeordnete Maßnahme geeignet, um das Ziel zu erreichen?
- *Geeignetheit*: ist die Erreichung des Ziels mit der angeordneten Maßnahme möglich oder wird sie durch sie gefördert?
- *Erforderlichkeit*: ist kein anderes Mittel verfügbar, dass das Ziel in einer besseren Art und Weise erreichbar macht?
- *Angemessenheit*: die angeordnete Maßnahme muss mit allen Vor- und Nachteilen abgewogen worden sein. Verhältnismäßig ist die Maßnahme nur dann, wenn die Nachteile nicht unverhältnismäßig zu den Vorteilen sind. Vorgaben des Grundgesetzes sind zu beachten; für diese Arbeit relevant ist insbesondere die Vorgabe des Schutzes des Eigentums.

Entspricht eine Maßnahme nicht dem Grundsatz der Verhältnismäßigkeit, ist dies rechtswidrig und ihre Anordnung somit unwirksam.

3 Die Beschlüsse des ersten Senats des Bundesverfassungsgerichts vom 16.02.2000

3.1 Gegenstand des Verfahrens 1 BvR 242/91

Im Oktober 1982 wurde von der Beschwerdeführerin eine Fläche erworben, auf der zuvor bis ins Jahr 1981 ein Unternehmen Hutstoffe aus Kaninchenfellen hergestellt hatte. Bei der Produktion wurden chlorierte Kohlenwasserstoffe (Perchlor- und Trichloräthylen) verwendet. Ab September 1983 wurden im Boden und im Grundwasser schwere Verunreinigungen festgestellt; die Verwendung der genannten Stoffe konnte als Ursache festgestellt werden. Die zuständige Behörde gab daraufhin der Beschwerdeführerin Untersuchungen des Bodens und des Grundwassers sowie die Beseitigung der Verunreinigungen auf. Dadurch entstanden der Beschwerdeführerin bis 1998 Kosten von insgesamt 1,1 Mio. DM; zum Zeitpunkt des Schadensfalls[14] betrug der Verkehrswert des Grundstücks 0,35 Mio. DM.

Die Beschwerdeführerin focht die behördlichen Auflagen vor dem zuständigen Verwaltungsgericht an; dabei wurden nicht die Auflagen an sich angefochten, sondern die behördliche Ermessensentscheidung zur Störerauswahl und die Unverhältnismäßigkeit der Zustandshaftung im Sinne des Art. 14 GG[15].

Das Verwaltungsgericht wies die Klage ab; auch die daraufhin beim Bundesverwaltungsgericht eingereichte Nichtzulassungsbeschwerde wurde von diesem zurückgewiesen. In der Begründung des Bundesverwaltungsgerichts wurde zwar die Rechtsauffassung als diskussionswürdig angesehen, ob im Sinne des Art. 14 GG eine Haftungsreduzierung dann anzuwenden sei, wenn der Eigentümer sich

---

[14] In der Verfahrensbeschreibung des BVerfG wird nicht genannt, welcher Schaden gemeint ist: der Schaden der Bodenverunreinigung oder der wirtschaftliche Schaden der Beschwerdeführerin.
[15] S. Kapitel 3.1.

selbst in einer Opferposition befinde. Dies gelte aber nicht dann, wenn zum Zeitpunkt der Einigung über den Eigentümerwechsel des Grundstücks die Verunreinigungen seitens des Eigentümers bekannt seien. Dies sei aber der Fall gewesen.

Nach den beiden juristischen Niederlagen reichte die Beschwerdeführerin eine Verfassungsbeschwerde beim BVerfG ein mit der Begründung, dass eine Verletzung von Art. 14 Abs. I, II GG[16] vorliege. Die uneingeschränkte Inanspruchnahme des Grundstückseigentümers sei nicht mit dem genannten Artikel des Grundgesetzes vereinbar, da sie – die Eigentümerin – die Kontaminationen nicht zu verantworten habe und es daher unangemessen sei, sie für die Folgen einer der Allgemeinheit dienenden Industrialisierung allein haften zu lassen; dies sei auch daher unangemessen, da sie durch die Gefahrenverursachung keinen wirtschaftlichen Vorteil gehabt habe. Die Ansicht, die Gefahr hätte ihr bekannt gewesen sein müssen, werde im übrigen zurückgewiesen, da mit der Kenntnis der genannten Produktion kein direkter Zusammenhang ohne spezielle Kenntnisse gesehen werden könne und außerdem zum Zeitpunkt des Eigentümerwechsels des Grundstücks die Gefahr der Verwendung der genannten Stoffe noch nicht bekannt gewesen sei.

Die folgende Abbildung verdeutlicht die Zusammenhänge des des Verfahrens 1 BvR 242/91.

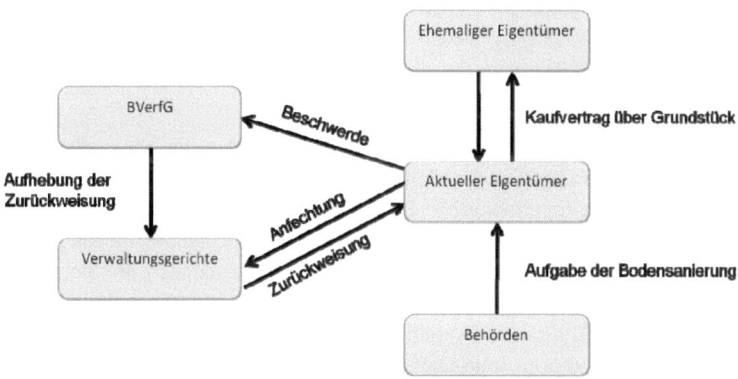

Abbildung 1: Zusammenhänge des Verfahrens 1 BvR 242/91

3.2 Gegenstand des Verfahrens 1 BvR 315/99

Im Gegensatz zum zuvor beschriebenen Verfahren war die Beschwerdeführerin zum Zeitpunkt der Bodenverunreinigung

---

[16] Vgl. Kapitel 2.2.

Eigentümerin des betroffenen Grundstücks. Sie ist Inhaberin umfangreicher forstwirtschaftlicher Flächen.

Im Oktober 1970 verpachtete die Beschwerdeführerin ein 16 ha großes Grundstück an einen Verein, der dort einen Schießstand errichten wollte. Die notwendigen Genehmigungen waren vom Pächter zu erwirken, ebenso waren von ihm die Versicherungen abzuschließen. Nachdem im Januar 1971 die behördliche Genehmigung zur Errichtung der genannten Anlagen erteilt wurden, wurde diese errichtet.

Im Jahr 1972 wurde von der Stadt F. ein Wasserschutzgebiet eingerichtet, in dessen Areal auch das verpachtete Grundstück war. Die beabsichtigte Einrichtung des Schutzgebietes war bereits im Juni 1970 öffentlich bekannt gegeben worden. Unabhängig davon wurden die Schießanlagen ohne Genehmigung erweitert.

Die Anlagen wurden im August 1984 von der Stadt F. überprüft, eine nachträgliche Genehmigung der illegalen Anlagen wurde abgelehnt; darüber hinaus wurde die Genehmigung für die ordnungsgemäßen Anlagen widerrufen. In einem weiteren Verfahren wurde im Dezember 1985 die sofortige Vollziehung des Widerrufs bestätigt; der Verwaltungsgerichtshof wies Anträge auf eine aufschiebende Wirkung des Widerrufs zurück. Der Pachtvertrag zwischen dem Pächter und der Beschwerdeführerin wurde aufgelöst.

Die wasserwirtschaftliche Überprüfung der Anlage zeigte, dass durch das während des Betriebs der Schießanlage verschossene Blei die oberste Bodenschicht durch Bleischrot und gelöstes Blei kontaminiert war. Die zuständige Behörde gab daraufhin dem ehemaligen Pächter die Sanierung des Geländes auf. Da jedoch über dessen Vermögen im Januar 1989 der Konkurs eröffnet wurde, wandte sich die Behörde an die Beschwerdeführerin als Eigentümerin des Grundstücks und ordnete die im sofortigen Vollzug durchzuführende Sanierung der verunreinigten Bodenschichten an.

Die Anordnung des Sofortvollzuges wurde von der Beschwerdeführerin erfolglos angefochten. Der Verwaltungsgerichtshof und das Verwaltungsgericht sahen die Anordnung als rechtens und auch verhältnismäßig an, da die Gefährdung auch durch die Verpachtung des Grundstücks begründet gewesen sei und die Beschwerdeführerin außerdem vom Pächter durch das Erheben eines Mietzinses am durch das Grundstück begründeten wirtschaftlichen Verkehr teilgenommen habe. Die Beschwerdeführerin sei zwar in einer Opferposition, die finanzielle Belastung sei aber ihrer Risikosphäre zuzuordnen. Die Möglichkeit einer Berufung wurde nicht gewährt.

Die Beschwerdeführerin reichte daraufhin eine Beschwerde beim BVerfG ein, da die genannten Entscheidungen Art. 14 Abs. I GG[17] verletzten. Die Privatnützigkeit des Grundstücks sei nicht mehr gegeben, da die Kosten der aufgegebenen Sanierung eine privatwirtschaftlich sinnvolle Nutzung des Grundstücks unmöglich mache; dies sei nicht nur der Fall, weil die Sanierungskosten den Grundstückswert um ein vielfaches überstiegen, sondern auch, weil auch sonstiges Vermögen zur Bereitstellung der notwendigen finanziellen Ressourcen hätten eingesetzt werden müssen. Die Argumentation, die Beschwerdeführerin habe eine riskante und gefahrenträchtige Verpachtung vorgenommen, sei nicht nachvollziehbar. Im Übrigen seien die Entscheidungen ungerecht, da die Erteilung der Genehmigung für die Errichtung der Anlage durch die zuständige Behörde nicht gerügt werde, obwohl diese sich der Gefahr ebenso hätte bewusst sein müssen. Zusätzlich seien ein Zahlungsantrag und die dazu angebotenen Beweise nicht beachtet worden.

Zusätzlich wird die Beschwerde mit juristischen Verfahrensfehlern im Sinne des Art. 103 Abs. I GG[18] begründet, die aber in dieser Arbeit nicht behandelt werden sollen, da diese Themen des Bodenschutzes und nicht juristische Hintergründe behandeln soll.

Die folgende Abbildung verdeutlicht die Zusammenhänge des Verfahrens 1 BvR 315/99.

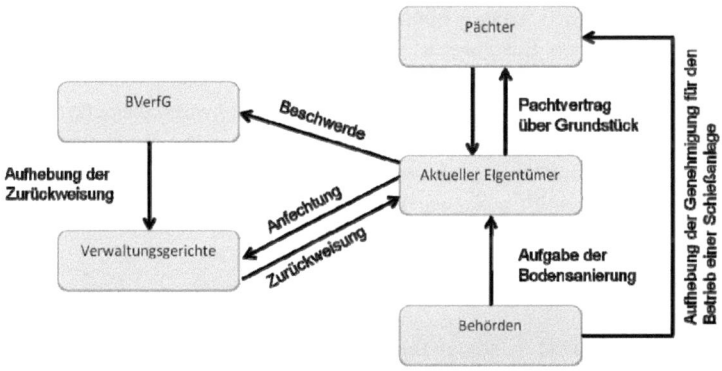

Abbildung 2: Zusammenhänge des Verfahrens 1 BvR 315/99.

---

[17] Vgl. Kapitel 2.2.
[18] Vgl. Kapitel 2.3.

3.3 Beschlüsse des Bundesverfassungsgerichts zu den Verfahren

3.3.1 Entscheidungen des Bundesverfassungsgerichts

Das BVerfG sah die beschriebenen Beschwerden als begründet an, da beide Beschwerdeführerinnen in ihrem Grundrecht aus Art. 14 Abs. I Satz 1 GG verletzt würden. Die Entscheidungen der Verwaltungsinstanzen wurden aufgehoben und die Fälle zur erneuten juristischen Bewertung an den Verwaltungsgerichtshof verwiesen.

Als Begründung wird die Verletzung des verfassungsrechtlich geschützten Eigentums gem. Art. 14 GG durch Unverhältnismäßigkeit der Kosten für die von den Behörden den Beschwerdeführerinnen aufgegebenen Bodensanierungen gegeben.[19]

Die Beschlüsse regeln aber nicht die Einbeziehung des Verursachers der Bodenverunreinigungen in die Finanzierung derer Beseitigung. Dies war nicht Teil der Beschwerden, da deren Begründungen lediglich die Verletzung des verfassungsrechtlich geschützten Eigentums betreffen. Dies bedeutet aber keinen Entfall der Ansprüche der Beschwerdeführerin gegen die Verursacher, die privatrechtlich geregelt sind.[20]

Erwähnt sei auch, dass – ebenso wie in den Beschlüssen der anderen Instanzen – den Beschwerdeführerinnen keine Auflagen zur Wahl des Sanierungsverfahrens gemacht wurden und daher aus juristischer Sicht anscheinend nur die Beseitigung der Bodenverunreinigung ohne Rücksicht auf andere betroffene Aspekte von Bedeutung ist. Sanierungsverfahren können daher entsprechend ihrer Kostenwirksamkeit[21] ausgewählt werden.

3.3.2 Begründungen der Entscheidungen

Das BVerfG stellt in seiner Begründung fest, dass ein Eigentümer die Allgemeinheit vor Gefahren, deren Ursprung in seinem Eigentum liegen, zu bewahren habe. Hierzu zählten auch Bodenverunreinigungen in Grundstücken, die der Eigentümer völlig unabhängig davon, ob er sie verursacht habe, zu beseitigen habe. Die Verantwortlichkeit des Eigentümers ergebe sich aus der Sachherrschaft über sein Eigentum. Der

---

[19] Ausführliche Darstellung in Kapitel 3.3.2.
[20] Vgl. Kapitel 4.
[21] Informationen zum Thema Kostenwirksamkeit bei: Wille, Frank (1993), S. 94.

Eigentümer habe durch diese die Eingriffsmöglichkeit auf die Gefahrenquelle. Dies ergebe sich aus den Rechten und Pflichten des Eigentümers gem. Art. 14 GG. Das BVerfG hat keine verfassungsrechtlichen Bedenken, wenn der Eigentümer zu Bodensanierungen auch dann verpflichtet wird, wenn er für die zu beseitigenden Gefahren nicht verantwortlich ist.

Behördliche Auflagen, dem Eigentümer auf seine Kosten Bodensanierungen aufzugeben, seien demnach rechtens. Die Sanierungsmaßnahmen, die in den zuvor beschriebenen Verfahren[22] den Beschwerdeführerinnen aufgegeben wurden, könnten daher als verfassungsgemäß angesehen werden.

Trotzdem seien die von den Beschwerdeführerinnen angefochtenen Entscheidungen nicht mit dem Grundsatz der Eigentumsgarantie aus Art. 14 GG vereinbar, da der Grundsatz der Verhältnismäßigkeit nicht gewahrt worden sei. Die Belastung des Eigentümers mit den vollständigen Kosten der Bodensanierung sei nicht gerechtfertigt, wenn sie nicht zumutbar sei. Die Grenze der Zumutbarkeit könne anhand der folgenden Anhaltspunkte bestimmt werden:

- *Verkehrswert des Grundstücks*: im Verkehrswert spiegelten sich die Vorteile des Eigentums; individuelle Interessen am Eigentum könnten allerdings so nicht erfasst werden. Überstiegen die Kosten der Bodensanierung den Verkehrswert eines Grundstücks, entfalle in der Regel das Interesse des Eigentümers an einem künftigen privaten Gebrauch; bei einer Veräußerung seien die entstehenden Kosten ebenfalls nicht durch den zu erwartenden Erlös zu decken.

- *Ursache der Gefahr*: die Zumutbarkeit sei überschritten, wenn die von dem Grundstück ausgehende Gefahr durch Naturereignisse oder die Handlungen nicht nutzungsberechtigter Dritter begründet seien, da dem Eigentümer sonst übermäßig Risiken aufgebürdet würden, die außerhalb seines Verantwortungsbereichs und seiner Sachherrschaft über das Grundstück lägen.

- *Anteil am vollständigen Eigentum*: ebenfalls sei es unverhältnismäßig, wenn das Grundstück einen wesentlichen Teil des Vermögens des Pflichtigen darstelle. Die Grenze der Zumutbarkeit sei überschritten, wenn die Kosten die Vorteile aus der weiteren Nutzung des Grundstücks überschreiten würden.

---

[22] Vgl. Kapitel 3.1 und 3.2.

Zumutbar seien die Kosten einer Bodensanierungsmaßnahme allerdings auch über den Verkehrswert hinaus, wenn die Bodenverunreinigungen dem Eigentümer zum Zeitpunkt des Eigentumsübergangs an ihn bekannt gewesen seien. Außerdem seien die Kosten zumutbar, wenn der Eigentümer zulasse, dass das Grundstück in einer risikoreichen Art genutzt werde. Dies sei ebenso der Fall, wenn der Eigentümer das Grundstück an Dritte verpachtet und die risikoreiche Nutzung fahrlässig nicht bemerkt habe; die Höhe der Zumutbarkeit werde dann anhand des Grades der Fahrlässigkeit und den Vorteilen des Eigentümers aus dem Risiko ermittelt.

Weiterhin könne es auch in den Fällen, in denen die Kostenbelastung über den Verkehrswert hinaus als zumutbar bewertet werde, Einschränkungen geben. Es sei nicht zumutbar, den Eigentümer unbegrenzt für die Sanierung haften zu lassen, wenn er dafür Vermögen aufwenden müsse, das weder wirtschaftlich noch rechtlich mit dem zu sanierenden Grundstück in einem Zusammenhang stehe. Dem Grundsatz der Verhältnismäßigkeit entspreche dies nur dann, wenn das Vermögen mit dem Grundstück eine funktionale Einheit darstelle.[23] Die Zumutbarkeit orientiere sich also nicht an der allgemeinen wirtschaftlichen Leistungsfähigkeit des Eigentümers.

Außerdem stellt das BVerfG in seiner Begründung fest, dass die Aufgabe einer Bodensanierung und die Übernahme derer Kosten durch den Eigentümer keine Enteignung darstelle. Insofern könne keine Verletzung des Art. 14 GG wegen einer rechtswidrigen behördlichen Enteignung der Beschwerdeführerinnen geltend gemacht werden. Eine Bodensanierung stelle für einen Eigentümer im Übrigen auch bis zu einer gewissen Belastung eine Eigennützigkeit dar.

In seiner Begründung stellt das BVerfG fest, dass die verwaltungsgerichtliche Rechtsprechung bei den beschriebenen Verfahren[24] den Grundsatz der Verhältnismäßigkeit nicht genügend berücksichtigt habe, da das Handeln in von den Beschwerdeführerinnen zu vertretender Unkenntnis dem Handeln in positiver Kenntnis gleichgesetzt werde. Dies widerspreche dem gerechten und verhältnismäßigen Ausgleich zwischen den schutzwürdigen Interessen des Eigentümers und den Belangen des Allgemeinwohls. Zudem hätten die Behörden und Gerichte darauf zu achten, dass die Belastungen des Eigentümers das Maß des Zulässigen im Sinne des Art. 14 GG nicht

---

[23] Dies ist z. B. dann der Fall, wenn das Grundstück das Betriebsgelände eines Unternehmens ist.
[24] Vgl. Kapitel 3.1 und 3.2.

überschritten. Wenn Sanierungsmaßnahmen aufgegeben würden, seien die Kosten zwar grundsätzlich durch den Zustandsverantwortlichen zu tragen. Sei die Übernahme der Kosten durch diesen durch die Grenze der Zumutbarkeit begrenzt, hätten die Verwaltungen auch über eine Begrenzung der Kostenbelastung zu entscheiden.

4 Auswirkungen auf andere Fälle

Die vorhergehend beschriebenen Verfahren und Beschlüsse in Verfahren des BVerfG sind auch für andere Fälle von Bedeutung, da die Beschlüsse des BVerfG unmittelbar geltendes Recht sind.[25] Die in beiden beschriebenen Verfahren[26] ergangenen Beschlüsse sind auch für andere Personen oder Unternehmen anwendbar.

Die wichtigste Feststellung in den Begründungen des BVerfG[27] ist, dass Grundstückseigentümer grundsätzlich für die Beseitigung von Bodenverunreinigungen auf ihren Grundstücken verantwortlich sind – unabhängig davon, ob sie diese auch zu verantworten haben. Es kann ihnen also auch zukünftig durch die deutsche Rechtsprechung aufgegeben werden, Bodenverunreinigungen zu beseitigen; sie sind unabhängig von der endgültigen Übernahme der Kosten hierfür verantwortlich. Es sollte daher bei Eigentumsübergängen von Grundstücken durch den neuen Eigentümer genauestens überprüft werden, ob das Grundstück belastet sein könnte.

Die differenzierter ausfallenden Beschlüsse zur Kostenübernahme der Beseitigung von Bodenverunreinigungen betreffen verschiedene Parteien. Grundsätzlich sind die Kosten von den Grundstückseigentümern zu tragen; dies ist aber bei erwiesener Unverhältnismäßigkeit nicht uneingeschränkt der Fall. Das BVerfG ist der Ansicht, dass Bodenverunreinigungen eine Bedrohung für die Allgemeinheit darstellten und es daher auch Teil des öffentlichen Interesses sei, dass sie beseitigt würden. Bei einer Unverhältnismäßigkeit sind die Grundstückseigentümer durch öffentliche Gelder zu unterstützen, es sei denn, dass sie die Verunreinigung verantworten und/oder ihnen bei Eigentumsübergang die

---

[25] Vgl. Kapitel 2.1.
[26] Vgl. Kapitel 3.1. und 3.2.
[27] Vgl. Kapitel 3.3.2.

Verunreinigung bekannt war oder hätte bekannt sein müssen. Es sind also bei bekannten Bodenverunreinigungen diese zum Zeitpunkt des Eigentumsübergangs zu monieren und entsprechende Schritte einzuleiten. Eine Rücksichtnahme auf Freunde als vorherige Grundstückseigentümer oder eine Rücksichtnahme aus anderen Gründen ist nicht empfehlenswert; bei Beachtung der guten Sitten wird ohnehin so gehandelt.

Für den Staat als die Allgemeinheit vertretendes Rechtsgebilde und insbesondere seine Aufsichtsbehörden bedeutet die Entscheidung des BVerfG, dass er stärker als zuvor auf Bodenverunreinigungen auf privaten Grundstücken zu achten hat, da er bei Unverhältnismäßigkeit ebenfalls finanziell belangt werden kann. Die Aufsichtsbehörden sollten daher keine Genehmigungen z. B. für Schießstände aussprechen, wenn Bodenverunreinigungen zu erwarten sind.

Wichtig ist, dass die Beschlüsse nur die Verpflichtungen des aktuellen Eigentümers eines verunreinigten Grundstückes betreffen. Es kann der Eindruck entstehen, dass der die Bodenverunreinigung Verantwortende nicht belangt werden kann, da er nicht mehr Eigentümer des Grundstücks ist. Dies ist nicht der Fall. Unabhängig von strafrechtlichen Konsequenzen bei Bodenverunreinigungen bestehen trotzdem privatrechtliche Ansprüche gegen den Verantwortlichen gem. dem Bürgerlichen Gesetzbuch (BGB) nach dem Abstraktionsprinzip.[28] Die folgende Abbildung zeigt eine Übersicht über die entstandenen Rechtsverhältnisse.

---

[28] Das Abstraktionsprinzip regelt die Trennung zwischen verschiedenen juristischen Aspekten. Eine Verpflichtung als solche (z. B. Beseitigung der Bodenverunreinigung) ändert noch nicht die Rechtslage bezüglich des Vermögensgegenstandes; es können also Schadensersatzforderungen erhoben werden. Vgl. Führich, Ernst (2006), S. 12.

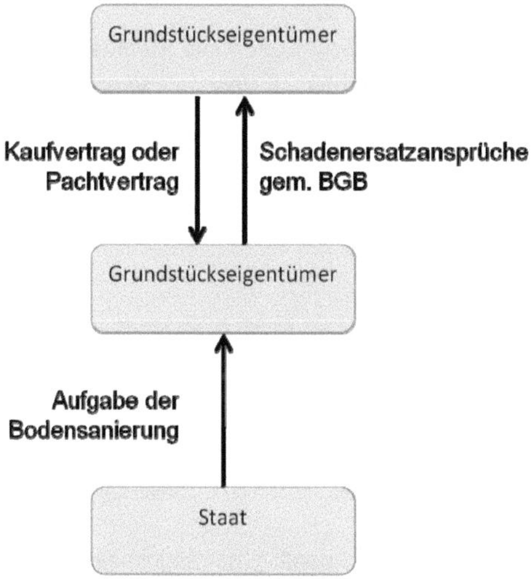

Abbildung 3: Mögliche Rechtsverhältnisse bei Bodensanierungen

In dem Fall, dass die Bodenverunreinigung zum Zeitpunkt des Eigentums nicht bekannt war oder der alte Eigentümer als Verantwortlicher sie arglistig oder fahrlässig verschwiegen hat, ist der ehemalige Eigentümer gem. § 280 BGB verpflichtet, dem neuen Eigentümer die Kosten für die Bodensanierung als Schaden zu ersetzen. Ist die Bodenverunreinigung durch einen nicht beteiligten Dritten zu verantworten, ergibt sich die Schadensersatzpflicht aus § 823 BGB.

Es sollte allerdings beachtet werden, dass die Schadensersatzpflicht nicht selbstverständlich zu einer Zahlung des Pflichtigen führt. Dies ist dann der Fall, wenn der Pflichtige wie in dem im Kapitel 3.2 beschriebenen Fall zahlungsunfähig ist. Es ist also bei Eigentumsübergang eines Grundstücks mit zu erwartenden Bodenverunreinigungen darauf zu achten, dass der ehemalige Eigentümer zahlungsfähig erscheint und langfristig verfügbar ist. Andernfalls sollten anderweitige finanzielle Schutzmechanismen geschaffen werden.

Weiterhin stellt das BVerfG in seinen Beschlüssen die Rechtslage bei Bodenverunreinigungen durch Pächter fest; verpachtende Grundstückseigentümer können für eine Bodensanierung verantwortlich gemacht werden. Insofern ist bei einer Verpachtung darauf zu achten, dass der Pächter bei der Nutzung des Grundstücks keine Bodenverunreinigungen vornimmt.

5 Zusammenfassung der Erkenntnisse

Die Ausführungen dieser Arbeit zeigen, dass Grundstückseigentümer Bodenverunreinigungen beseitigen müssen, unabhängig davon, ob sie diese zu verantworten haben. Dies gilt auch dann, wenn Pächter des Grundstücks die Bodenverunreinigungen verursacht haben.

Die Rechtsorgane des Staates können die Bodensanierung auf Kosten des Eigentümers verlangen, soweit dies nicht unverhältnismäßig ist. Unberührt davon sind Schadensersatzansprüche gegen den die Bodenverunreinigung Verantwortenden. Schadensersatzansprüche können aber nur dann finanziell beglichen werden, wenn der Pflichtige zahlungsfähig ist.

Es ist daher wichtig, dass Grundstückseigentümer beim Kauf ihres Grundstücks dieses genau untersuchen und mögliche Verunreinigungen feststellen. Ebenso haben sie darauf zu achten, wie Pächter und Dritte das Grundstück nutzen.

Zusammenfassend lässt sich für die Allgemeinheit festhalten, dass diese vor Gefahren aus Eigentum und somit vor Verunreinigungen in jedem Fall geschützt wird.

Literaturverzeichnis

Blume, H.-P. (1990): Handbuch des Bodenschutzes. Bodenökologie und –belastung. Vorbeugende und abwehrende Schutzmaßnahmen, Landsberg/Lech

Duden (1998): Das Lexikon der Allgemeinbildung, Mannheim et al.

Führich, Ernst (2006): Wirtschaftsprivatrecht. Privatrecht. Handelsrecht. Gesellschaftsrecht, München

Gröpl, Christoph (o. J.): Eigentumsgrundrecht und Eigentumsgarantie. Art. 14 GG, Saarbrücken, online verfügbar unter: http://www.uni-saarland.de/fileadmin/user_upload/Professoren/fr11_ProfGroepl/lehre___nur_Pdfs_/Lehre_11/Vorl._StR_II/GR14.pdf, zuletzt aufgerufen am 27.07.2011 17:07 MESZ

Kunth, Bernd (1992): Öffentlich-rechtliche Grundlagen zur Altlastensanierung, in: Gossow, Vokmar (Hrsg.): Altlastensanierung. Genehmigungsrechtliche, bautechnische und haftungsrechtliche Aspekte, Wiesbaden und Berlin

Schubert, Klaus (1997): Das Politiklexikon, Bonn

Wieczorek, Bertram (1991): Einführungsreferat zum Forum Umweltschutz 91 „Altlasten und kontaminierte Böden" am 30. und 31. Oktober 1991, in: Kompa, Reiner / Fehlau, Klaus-Peter (Hrsg.): Altlasten und kontaminierte Böden `91. Ökologisches Sanierungskonzept. Rüstungsaltlasten. Beurteilung von Altlasten. Sanierungsbeispiele, Köln

Wille, Frank (1993): Bodensanierungsverfahren, Würzburg